新手OK！

若山曜子的 甜點 烘焙時光

若山曜子

前言

從小就很喜歡動手做點心，現在則是因為工作之故，名正言順地，家裡的點心烤模已經滿坑滿谷。每一個烤模的使用頻率不同，各個都有獨特的情感，每次只要看到這些烤模，就會開始思考可以做些什麼點心呢？這些烤模對我來說，是寶物一般的存在。

有趣的是，即使是同樣的麵糰，運用不同的烤模製作的話，味道也會有所變化。依據使用烤模的材質、尺寸、圓形或是方形的不同形狀，麵糰加熱過後的狀態也會跟著變化，變化出不同的口感，脆脆的、蓬鬆的、濕潤的、彈牙的。

還是中學生的時候，第一次買的點心烤模，就是圓形的瑪芬蛋糕烤模。時至如今，在烘焙材料的販售網站上，烤模分類的銷售第一名，仍然是瑪芬蛋糕的烤模。可見這種烤模容易上手，不易失敗，不只是我這麼想而已。

一個瑪芬蛋糕烤模剛剛好是稍微有點餓的時候，可以填飽肚子的份量。烘烤一次可以做出好幾個點心，用來當成禮物送人也很方便。不需要特別分切，這一點也很方便。因為是屬於小型一點的烤模，烘焙的時間相較之下也比較短，說不定以製作點心來說，難度也下降了一些。

初次嘗試製作的食譜，總是既期待又怕失敗，如果做得不成功或是做出來不是自己喜歡的味道，該怎麼辦呢？這個時候，就可以運用瑪芬蛋糕烤模以最小的份量（如果是有使用雞蛋的食譜，以一個雞蛋為計算基準）先做出一兩個品嘗看看。

這種用瑪芬蛋糕烤模製作的小型烘焙點心，因為烘烤的表面積增加，也會增加口感的香脆，是一大特色。除了瑪芬蛋糕以外，用來製作費南雪或是法式酥餅也非常實用。

試著重新構思瑪芬蛋糕烤模的用途，不管是肉桂捲、起司蛋糕、反烤蘋果塔，各種點心都可以做出一人份的可愛小份量。瑪芬蛋糕烤模對於我的人生來說，已經相伴了二十年以上，這個簡單的小小烤模，是日常生活製作點心得力的好朋友。

若山曜子

目次

1 瑪芬蛋糕

2 派和鹹派

 column 1　前菜小點 —— 42

3 法式烘焙點心

[食譜注意事項]
・1大匙是15ml，1小匙是5ml，1杯是200ml。
・雞蛋使用的是M尺寸（50g）。
・奶油沒有特定使用的品牌，只需要使用無鹽奶油。
・鮮奶油使用的是乳脂肪含量35～47%的款式。
・烤箱的烘烤時間是大致的標準，根據烤箱廠牌的不同，需要自行根據烘烤的狀態斟酌調整烘烤時間。
・微波爐使用的是600W的微波爐。

關於瑪芬蛋糕烤模

大多數烘焙點心初學者都會擁有的瑪芬蛋糕烤模，這一次將會介紹本書使用的瑪芬蛋糕烤模和 3 個優點。

瑪芬蛋糕烤模的種類

一次可以大量烘烤的「烤盤型」

鋼製的瑪芬蛋糕烤模，導熱效果極佳，可以烤出均勻上色的點心為其特色。內側有矽膠加工或是不沾塗層的烤模，方便脫模，不容易生鏽，保養容易簡單。一次可以大量烘烤的烤盤型，不妨選擇可以放進家庭烤箱的尺寸。基本上是 6 個一盤（b,c），也有可以一次烤 12 個的迷你瑪芬蛋糕烤模（d）。

小數量也可以輕鬆完成的「杯模型」

紙製或是鋼製的獨立型杯狀瑪芬蛋糕烤模，可以根據不同的情況烤出剛好數量的點心。特別是紙製的瑪芬蛋糕杯模，雖然只能使用一次，但是可以直接當成禮物送人也是一個優點。因為方便入手，很適合烘焙點心的初學者。

瑪芬蛋糕烤模的優點

1

方便製作，
不容易失敗

運用瑪芬蛋糕烤模製作的點心，只要一個調理碗，依序將材料混合，就有很多方便製作的食譜。幾乎所有的點心，烘烤時間都只需要一般尺寸的一半，也是很棒的優點。此外，也不用擔心脫模失敗或是分切會破壞形狀。

2

可以一次食用完畢，
用來送禮也很適合

運用瑪芬蛋糕烤模製作的點心，屬於可以一次吃完的尺寸，當成每天的點心、早餐或是輕食，甚至是餐後的甜點都很適合。用迷你瑪芬蛋糕烤模烘烤的話，也可以做成可愛的一口尺寸點心或是前菜小點。因為很容易攜帶，當成禮物或是隨身的小點心也非常合適。

3

可以製作出
各式各樣的點心

手邊的瑪芬蛋糕烤模，只在製作瑪芬蛋糕時派上用場太浪費了。除了瑪芬蛋糕以外，也可以製作塔派、戚風蛋糕、起司蛋糕，甚至是麵包，屬於多功能的烤模。一般尺寸的蛋糕配方，試著用瑪芬蛋糕烤模烘烤，可以做出意想不到的點心風情，也是很新鮮的變化。

a矽膠塗層的布丁杯，一個份量也很足夠。杯口口徑7.8cm×高3.7cm／百圓商店購入 b若山老師愛用的不沾塗層加工的6個一組瑪芬蛋糕烤模。烤盤26cm×18cm。杯口口徑7cm×高3cm c瑪芬蛋糕烤模（6個一組）／方便脫模和清洗的鋼製矽膠加工。烤盤26cm×18cm。杯口口徑7cm×高3cm／cotta dcotta原創瑪芬蛋糕烤模（12個一盤）／杯模內沒有斜面，垂直的構造可以烤出蓬蓬的可愛迷你瑪芬蛋糕，一次可以烤出12個。鋼製矽膠加工。烤盤30cm×20cm。杯口口徑4.4cm×高2.4cm／cotta eIT瑪芬蛋糕杯模M（白）70個入。口徑6.5cm×高5cm摺紙式紙模／網路商店購入 fNOVACART 環保材質瑪芬蛋糕烤模 白／義大利老字號紙廠NOVACART製造的紙製杯模。口徑6.6cm×高4cm／cotta gNOVACART 瑪芬蛋糕烤模 70 棕色／同樣為NOVACART製造的棕色紙製杯模。口徑7cm×高3.5cm／cotta

運用瑪芬蛋糕烤模製作點心的美味基本功

這裡歸納整理出用瑪芬蛋糕烤模做出美味點心不可或缺的前置準備和訣竅，
因應不同的點心，烤模的前置準備也有所變化，我們一起看下去。

［烤模的前置準備］

・放入紙模

基本作法就是將瑪芬蛋糕專用的紙（油紙）模放入烤模裡，油紙紙模是由耐水耐油性佳的油紙所製成，特色是輕薄容易收攏。此外，放入鋁製杯模也沒問題。

・運用烘焙紙做出杯模

用烘焙紙製作杯模取代紙製杯模的話，可以做出不同造型的點心。

6個一盤	**12個一盤**
將12cm見方的烘焙對摺再對摺，像下圖一樣用剪刀剪出8個切口。沿著烤模的側面鋪放進去。	將8cm見方的烘焙紙四邊的中央處各剪出1個切口，再鋪放進烤模。

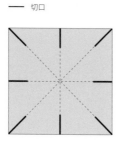

------ 摺痕
—— 切口

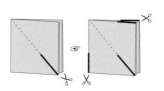

・塗上奶油

如果是將麵糊直接倒入烤模的作法，需要先用指尖沾取軟化的奶油，從底部往側面塗。根據點心的種類，薄塗或是大量塗上。直到使用之前，都先放入冰箱冷藏備用。

・塗上奶油，再撒上粉類

將烤模塗上奶油，再過篩撒上粉類（可以的話盡量使用高筋麵粉），將烤模傾斜抖掉多餘的粉。直到使用之前，都先放入冰箱冷藏備用。

・塗上奶油，再撒上砂糖

將烤模塗上奶油，整體再撒上砂糖，將烤模傾斜抖掉多餘的砂糖。直到使用之前，都先放入冰箱冷藏備用。

・在烤模裡鋪上帶狀的烘焙紙

將烤模塗上奶油，再鋪上切成寬度3cm左右的帶狀烘焙紙，這麼做的話，點心更容易脫模。

［將麵糊放入烤模］

・運用湯匙放入

將瑪芬蛋糕的麵糊放入烤模的時候，運用2支湯匙的話，操作起來更方便。

・運用勺子放入

將流動性高的麵糊放入烤模的時候，不妨用勺子以倒入流下的方式操作。

［將剩下的麵糊放入杯模］

・放入紙製杯模

如果有剩餘的麵糊，可以倒入紙製杯模或是鋁製杯模一起烘烤。放入布丁杯或是小烘焙杯也可以。

・放入紙製杯模＋小烘焙杯

隔水烘烤起司蛋糕的話，如果有剩餘的麵糊，可以放入紙製杯模，再放入小烘焙杯裡烘烤。

1 瑪芬蛋糕

瑪芬蛋糕是將材料依序混合，填入烤模後烘焙，可以一碗到底完成的代表性點心。不需要什麼特殊的材料，只要興致一起就可以馬上做出來的簡易點心。這裡將會介紹運用奶油製作風味豐富的瑪芬蛋糕以及各種以橄欖油為基底製作的清爽款瑪芬蛋糕。

檸檬瑪芬蛋糕　作法 p.12

草莓瑪芬蛋糕　作法 p.14

檸檬瑪芬蛋糕

表面酥脆、裡面濕潤的清爽檸檬瑪芬蛋糕，只需要一個雞蛋的食譜就可以完成，非常簡單。放到隔天也能享用蓬鬆口感，是水分的乳化作用。瑪芬蛋糕的配方粉類份量比較多一點，分成2次攪拌混合是訣竅。

材料（口徑7cm×高3cm的瑪芬蛋糕烤模5個份）

奶油 —— 60g

砂糖 —— 70g

雞蛋 —— 1顆

A ⎡ 低筋麵粉 —— 140g
⎣ 泡打粉 —— 1 $1/3$ 小匙

乳清＊—— 60ml
　　或是原味優格（無糖）20g＋水40ml

檸檬汁 —— 1大匙

蜂蜜 —— 1大匙

檸檬皮（刨碎）—— 少許

檸檬糖霜（參閱p.14）—— 同份量

＊優格瀝乾水分時的液體，稱為乳清。

前置準備

・將奶油、雞蛋回復至室溫。

・將120g的優格放在鋪著廚房紙巾的濾網上，瀝乾水分約30分鐘～1小時，即為乳清，量出60ml備用。

・將紙模放入烤模裡。→p.8

・烤箱以180℃預熱。

1 將奶油和砂糖放入調理碗裡，以打蛋器攪拌至呈現白色的狀態為止。

2 將打散的雞蛋不間斷地一點一點加入1裡（a），確實攪拌均勻。

3 將 $1/3$ 份量混合好的A過篩入2裡（b），以打蛋器略微攪拌。加入乳清（c）、檸檬汁和蜂蜜，換成橡膠攪拌匙翻拌。

4 將剩下的**A**過篩加入，以攪拌匙攪拌至沒有粉狀為止（d），加入刨碎的檸檬皮（e）。

5 將4平均倒入準備好的烤模裡（f），以180℃烘烤約20分鐘。

6 放涼之後，依據個人喜好塗上檸檬糖霜，乾燥即可食用。

草莓瑪芬蛋糕

外型可愛的草莓，多汁的質感可以增加不同層次的美味度。另外也放入迷迭香增添香氣。

材料（口徑7cm×高3cm的瑪芬烤模6個份）

草莓 ⋯⋯ 70g

奶油 ⋯⋯ 60g

砂糖 ⋯⋯ 70g

雞蛋 ⋯⋯ 1顆

A ⌈ 低筋麵粉 ⋯⋯ 140g

⌊ 泡打粉 ⋯⋯ 1 1/3 小匙

乳清（參閱p.12）⋯⋯ 60ml

　　或是原味優格（無糖）20g＋水40ml

檸檬汁 ⋯⋯ 1小匙

蜂蜜 ⋯⋯ 1大匙

檸檬皮（刨碎）⋯⋯ 少許

迷迭香（如果有的話）⋯⋯ 少許

前置準備

和檸檬瑪芬蛋糕（p.12）相同。

1 取下草莓的蒂頭，切出6片裝飾用的薄片，剩下的隨性縱切4等分。

2 和檸檬瑪芬蛋糕的1～4相同的方法製作，最後放入草莓片大概地翻拌（**a**）。

3 將2平均放入烤模裡，再鋪上裝飾用的草莓片以及迷迭香（**b**）。以180℃烘烤約20分鐘。

檸檬糖霜

清爽檸檬風味的糖霜，可以直接塗在蛋糕上，也可以畫出線條做成裝飾。

材料（方便製作的份量）

糖粉 ⋯⋯ 50g

檸檬汁 ⋯⋯ 2小匙～

1 將糖粉放入小調理碗裡，在中間倒入檸檬汁，攪拌至糖粉溶化。攪拌至用湯匙舀起的時候，可以緩慢流下的狀態即可。

2 質地太稀的話，可以補加一些糖粉，太稠的話，則可以補加一些檸檬汁調整。用湯匙塗上，或是畫出線條做成裝飾。

藍莓罌粟籽瑪芬蛋糕

美國瑪芬蛋糕的經典款，一定是藍莓口味。使用冷凍藍莓的話，不需要解凍直接放入。

材料（口徑7cm×高3cm的瑪芬蛋糕烤模6個份）

奶油 —— 60g

砂糖 —— 70g

雞蛋 —— 1顆

A 低筋麵粉 —— 140g
　 泡打粉 —— 1 $^1/_3$ 小匙

乳清（參閱p.12）—— 60ml
　　或是原味優格（無糖）20g＋水40ml

檸檬汁 —— 1小匙

蜂蜜 —— 1大匙

檸檬皮（刨碎）—— 少許

藍莓 —— 80g

罌粟籽（藍色）—— 2大匙

檸檬糖霜（參閱p.14）—— 同份量

前置準備

和檸檬瑪芬蛋糕（p.12）相同。

1 和檸檬瑪芬蛋糕的 1～4 相同方法製作，最後放入藍莓和罌粟籽大概地翻拌。

2 將 1 平均放入烤模裡，以180℃烘烤約20分鐘。

3 放涼之後，用湯匙淋上檸檬糖霜做出裝飾線條（如圖所示）。

香蕉瑪芬蛋糕

香蕉的甜度適合搭配柑橘果醬，每天吃都不會膩的美味。

材料（口徑7cm×高3cm的瑪芬蛋糕烤模6個份）

香蕉 —— 1根

奶油 —— 60g

砂糖 —— 70g

雞蛋 —— 1顆

A 低筋麵粉 —— 140g
　 泡打粉 —— 1 $^1/_3$ 小匙

乳清（參閱p.12）—— 60ml
　　或是原味優格（無糖）20g＋水40ml

檸檬汁 —— 1小匙

蜂蜜 —— 1大匙

檸檬皮（刨碎）—— 少許

柑橘果醬 —— 30g

前置準備

和檸檬瑪芬蛋糕（p.12）相同。

1 將香蕉一半切成1cm的方塊，一半切成厚度1cm的圓切片。

2 和檸檬瑪芬蛋糕的 1～4 相同方法製作，最後放入香蕉塊和柑橘果醬大概地翻拌。

3 將 2 平均放入烤模裡，再鋪上 1 的香蕉圓切片，以180℃烘烤約20分鐘。

南瓜香料瑪芬蛋糕　作法 p.18

蘋果奶酥瑪芬蛋糕　作法 p.**20**

南瓜香料瑪芬蛋糕

運用南瓜的甘甜和肉桂、薑等香料的搭配組合，做出這款飄散著異國風味香氣的瑪芬蛋糕。
可以當成點心或是當成早餐吃。單吃就已經非常可口，加上起司奶油的話，美味爆表。

材料（口徑7cm×高3cm的瑪芬蛋糕烤模6個份）

南瓜 —— 200g（去籽）

奶油 —— 100g

紅糖（或是蔗糖）—— 80g

雞蛋 —— 2顆

A | 低筋麵粉 —— 130g

泡打粉 —— 1 $1/3$ 小匙

肉桂粉 —— $1/4$ 小匙

肉豆蔻粉、薑粉、小豆蔻粉等可以根據個人
喜好選擇 —— $1/4$ 小匙

檸檬汁 —— $1/2$ 大匙

葡萄乾 —— 40g

〈起司奶油醬〉

奶油起司（cream cheese）—— 50g

奶油 —— 10g

糖粉 —— 15g

前置準備

・將奶油、雞蛋、奶油起司回復至室溫。
・葡萄乾稍微燙過。
・將烘焙紙杯模放入烤模裡。→p.8
・烤箱以180℃預熱。

1 將南瓜用保鮮膜鬆鬆地包住，以微波爐加熱2分鐘。先取80g切成7～8mm厚度的薄片，當成上部裝飾用。剩下的再放入微波爐加熱2分鐘，去皮壓碎成泥狀（a）。

2 將奶油和紅糖放入調理碗裡，用打蛋器攪拌至呈現白色的狀態。

3 將打散的雞蛋一點一點地倒入2，盡量讓蛋白蛋黃不要分離，確實地攪拌均勻。

4 將A材料混合，過篩$1/3$的份量進3裡，大概攪拌一下。

5 加入1的南瓜泥、檸檬汁和葡萄乾（b）大概攪拌，再將剩下的A過篩放入（c）。換成攪拌匙，以切拌的方式大致拌至沒有粉類的狀態（d）。

6 將5平均放入烤模裡，再插進1裝飾用的南瓜片，以180℃烘烤約20分鐘。

7 製作起司奶油醬。將奶油起司、奶油放入調理碗，用攪拌匙拌至呈現滑順的狀態，再加入糖粉攪拌均勻。

8 6放涼之後，在表面塗上起司奶油醬，再依照個人喜好撒上肉桂粉（份量外）。

蘋果奶酥瑪芬蛋糕

蘋果軟呼呼的質感和酥酥脆脆的奶酥創造出衝突口感的一款瑪芬蛋糕。把砂糖換成紅糖的話，整體的風味會更濃郁。奶酥可以一次做多一點冷凍保存，很方便。

材料（口徑7cm×高3cm的瑪芬蛋糕烤模6個份）

〈奶酥〉

| 低筋麵粉 ⋯⋯ 30g
| 蔗糖 ⋯⋯ 30g
| 杏仁粉 ⋯⋯ 20g
| 奶油 ⋯⋯ 20g
| 肉桂粉 ⋯⋯ 少許

蘋果（紅玉）⋯⋯ 1/2顆

奶油 ⋯⋯ 60g

紅糖（或是蔗糖）⋯⋯ 70g

雞蛋 ⋯⋯ 1顆

A | 低筋麵粉 ⋯⋯ 140g
 | 泡打粉 ⋯⋯ 1 1/3小匙

乳清（參閱p.12）⋯⋯ 60ml
　　或是原味優格（無糖）20g＋水40ml

檸檬汁 ⋯⋯ 1小匙

蜂蜜 ⋯⋯ 1大匙

前置準備

· 將麵糰用的奶油、雞蛋回復至室溫。
· 將120g優格放在鋪著廚房紙巾的濾網上，瀝乾水分約30分鐘～1小時即為乳清，量出60ml備用。
· 將奶酥用的奶油切成1cm的方塊，放入冰箱冷藏。
· 將紙杯模放入烤模裡。→p.8
· 烤箱以180℃預熱。

1 製作奶酥。將所有材料放入調理碗裡，再用刮板一邊切奶油（a）一邊盡快攪拌。奶油切至5mm左右之後，再用兩手搓揉般攪拌（b），接著用手指以抓拌的方式（c）拌成類似雞鬆的狀態（d）。放入冷凍庫冷卻備用。

2 將一半的蘋果帶皮縱向切成薄片，剩下的蘋果則削皮切成銀杏片。

3 將奶油和紅糖放入調理碗裡，用打蛋器攪拌至呈現白色的狀態。

4 將打散的雞蛋一點一點地倒入3，盡量讓蛋白蛋黃不要分離，確實地攪拌均勻。

5 將A材料混合，過篩1/3的份量進4裡，大概攪拌一下。加入乳清、檸檬汁和蜂蜜大概攪拌。

6 將剩下的A過篩加入，換成攪拌匙大致翻拌。最後放入切成銀杏狀的蘋果片，大概翻拌。

7 將6平均放入烤模裡，在上面排上蘋果片，再鋪上1的奶酥。

8 以180℃烘烤約20分鐘。

21

覆盆子巧克力瑪芬蛋糕　作法 p.**24**

覆盆子巧克力瑪芬蛋糕

以植物油製作的清爽版巧克力瑪芬蛋糕，酸酸甜甜的覆盆子則成為入口時的亮點。運用鮮奶油裝飾的話，就可以做出很精緻的造型。

材料（口徑7cm×高3cm的瑪芬蛋糕烤模6個份）

雞蛋⋯⋯1顆

砂糖⋯⋯70g

麻油（白）或是米油⋯⋯50ml

A ｜ 低筋麵粉⋯⋯100g

｜ 可可粉⋯⋯10g

｜ 泡打粉⋯⋯2/3小匙

覆盆子（冷凍）⋯⋯50g

原味優格（無糖）⋯⋯30g

檸檬汁⋯⋯1小匙

烘焙用巧克力（可可成分60%以上）⋯⋯20g

〈巧克力鮮奶油〉

｜ 烘焙用巧克力（可可成分60%以上）⋯⋯50g

｜ 牛奶⋯⋯40ml

｜ 鮮奶油⋯⋯120～140ml

食用鮮花（如果有的話）⋯⋯少許

前置準備

· 將雞蛋回復至室溫。

· 將巧克力切碎備用。

· 將鋁製杯模或是紙杯模放入烤模裡。→p.8

· 烤箱以180℃預熱。

1 在調理碗裡打散雞蛋，加入砂糖，以打蛋器充分攪拌。一邊攪拌一邊少量地加入麻油（**a**），攪拌至呈現美乃滋的質感為止。

2 將混合好的**A**過篩1/3的份量進**1**裡，以打蛋器攪拌（**b**）。

3 將覆盆子、優格和檸檬汁混合後加入（**c**），稍微攪拌。

4 將剩下的**A**過篩加入，換成攪拌匙大致翻拌。最後放入切碎的巧克力，大概翻拌，再平均倒入烤模裡。

5 以180℃烘烤約15～20分鐘。

6 製作巧克力鮮奶油。在調理碗裡放入巧克力，倒入加熱至沸騰狀態前的牛奶，以攪拌匙慢慢攪拌讓巧克力融化。放涼之後，一點一點少量地加入100ml的鮮奶油，攪拌至呈現稍微可以形成尖角的狀態。

7 將巧克力鮮奶油放入星型嘴的擠花袋，擠在放涼的**5**上（**d**）。如果有食用鮮花可以再放上裝飾。

memo 巧克力鮮奶油冷卻的話，巧克力會變硬。如果不容易擠花的話，可以再加入20～40ml剩下的鮮奶油調整使用。

Mojito 瑪芬蛋糕

萊姆和鳳梨的清爽酸味，再加上薄荷清涼香氣的蛋糕體，最後則運用瑪斯卡彭奶油襯托出口味的對比。

材料（口徑7cm×高3cm的瑪芬蛋糕烤模6個份）

奶油 ……… 70g

砂糖 ……… 70g

雞蛋 ……… 1顆

A ┌ 低筋麵粉 ……… 130g
　　└ 泡打粉 ……… 1 $\frac{1}{3}$ 小匙

乳清（參閱p.12）……… 60ml

　　或是原味優格（無糖）20g＋水40ml

萊姆汁 ……… 1小匙

蜂蜜 ……… 2小匙

鳳梨（罐裝/切成1cm方塊）……… 2片

薄荷葉（切碎）……… 1大匙

萊姆皮（刨碎）……… 少許

〈瑪斯卡彭奶油〉

　瑪斯卡彭起司 ……… 100g

　砂糖 ……… 1小匙

　蜂蜜 ……… 2小匙

　鮮奶油 ……… 50ml

鮮奶油、萊姆（半月切片）、薄荷 ……… 各適量

前置準備

· 將奶油、雞蛋回復至室溫。

· 將120g的優格放在鋪著廚房紙巾的濾網上，瀝乾水分約30分鐘～1小時，即為乳清，量出60ml備用。

· 將紙杯模放入烤模裡。→p.8

· 烤箱以180℃預熱。

1 在調理碗裡放入奶油和砂糖，以打蛋器攪拌至呈現白色的狀態為止。

2 將打散的雞蛋少量地加入 **1** 裡，保持蛋液不要分離地確實攪拌。

3 將混合好的 **A** 過篩 $\frac{1}{3}$ 的份量進 **2** 裡，大概翻拌。再加入乳清、萊姆汁和蜂蜜大概翻拌。

4 將剩下的 **A** 過篩加入，換成攪拌匙大概翻拌，再放入鳳梨、薄荷（**a**）和萊姆皮碎，大概翻拌（**b**）。

5 將 **4** 平均倒入烤模裡，以180℃烘烤約20分鐘。

6 製作瑪斯卡彭奶油。將砂糖和蜂蜜放入瑪斯卡彭起司裡攪拌，再少量少量地放入鮮奶油攪拌。

7 **5** 放涼之後，塗上 **6**，再用鮮奶油、萊姆和薄荷點綴裝飾。

花椰菜起司瑪芬蛋糕　作法 p.28

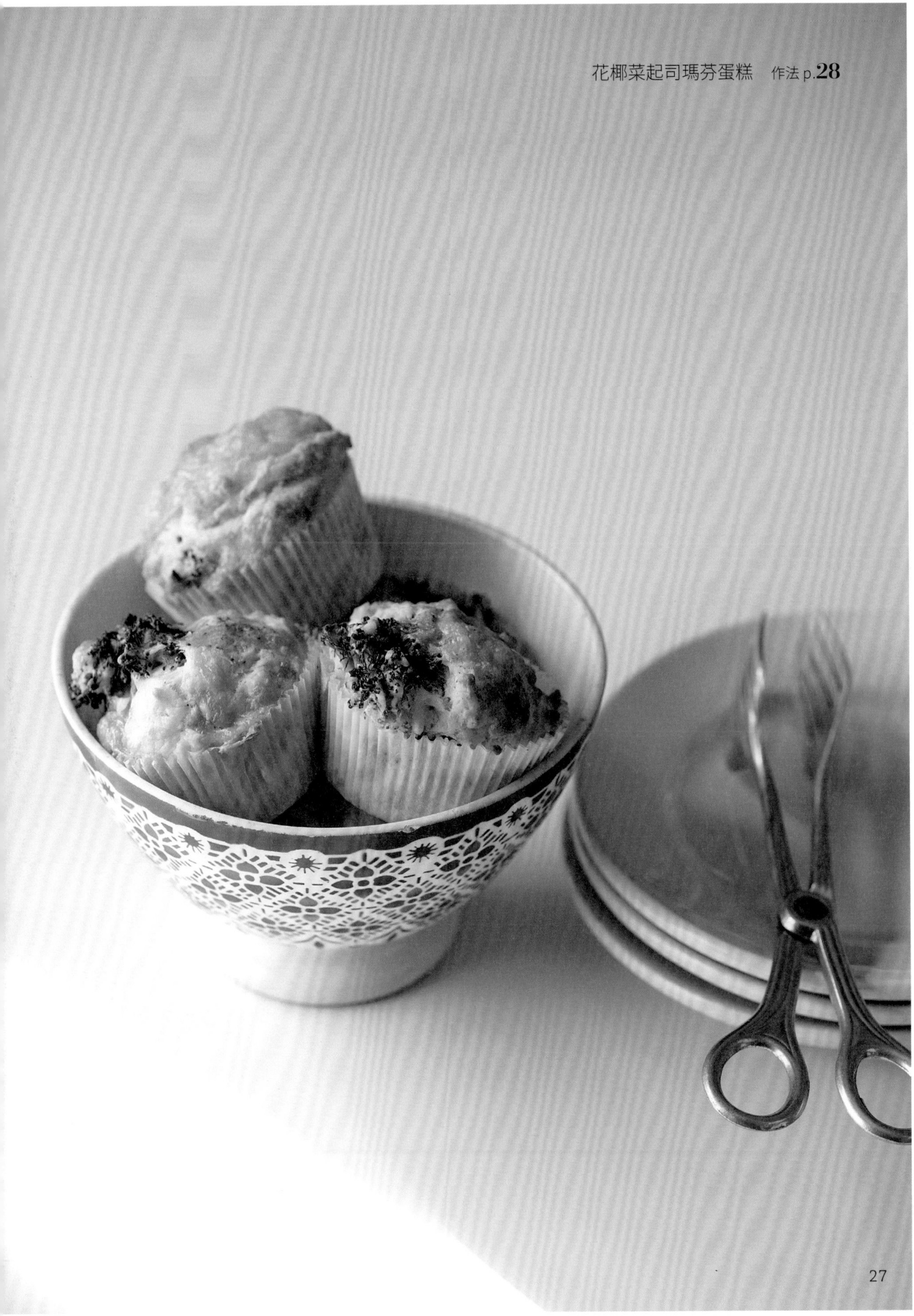

番茄馬鈴薯瑪芬蛋糕

沒有明顯風味的佐餐橄欖油瑪芬蛋糕適合搭配各種蔬菜。麵糰不需要揉捏，只需要用筷子攪拌是製作上的關鍵。

材料（口徑6.6cm×高4cm的紙杯模6個份）

馬鈴薯 —— 1顆（100g）

A ┌ 低筋麵粉 —— 180g
　│ 泡打粉 —— 1 $^1/_2$ 小匙
　└ 鹽 —— $^1/_4$ 小匙

雞蛋 —— 1顆

麻油（白）或是米油 —— 60ml

牛奶 —— 80ml

小番茄（橫向對切）—— 10顆

羅勒（撕碎）—— 2～3片

帕瑪森起司碎（起司粉也可以）—— 2大匙

前置準備

· 將雞蛋回復至室溫。

· 烤箱以190℃預熱。

1 將馬鈴薯洗過之後，用保鮮膜包起來，放進微波爐加熱3分鐘。去皮，切成1.5cm的方塊。

2 將A的粉類過篩進調理碗裡，用打蛋器攪拌（a）。

3 將麻油和牛奶倒入打散的雞蛋裡（b）充分攪拌，再少量地加入2裡（c），以筷子畫圈的方式攪拌（d）。

4 加入1、一半份量的小番茄和羅勒大概翻拌（e）。

5 平均倒入烤模裡，再放上剩下的小番茄，撒上起司（f）。以190℃烘烤約20分鐘。

memo 3用筷子攪拌，是希望不要過度攪拌。使用打蛋器的話容易卡麵糊，不方便攪拌。

花椰菜起司瑪芬蛋糕

瑪芬蛋糕裡有稍微保留口感的花椰菜和起司，並用咖哩粉提味。一個就很有飽足感，當成點心或是早餐都可以。

材料（口徑7cm×高3cm的瑪芬蛋糕烤模6個份）

花椰菜 —— 100g

A ┌ 低筋麵粉 —— 180g
　│ 泡打粉 —— 1 $^1/_2$ 小匙
　└ 鹽 —— $^1/_4$ 小匙

雞蛋 —— 1顆

麻油（白）或是米油 —— 60ml

牛奶 —— 80ml

切達起司碎 —— 30g

咖哩粉 —— $^1/_2$ 小匙

前置準備

· 將雞蛋回復至室溫。

· 將紙杯模放入烤模裡。→p.8

· 烤箱以190℃預熱。

1 將花椰菜分成小株，以鹽水汆燙，保留口感不用燙太久。

2 和番茄馬鈴薯瑪芬蛋糕的2～3相同方法製作，加入1、切達起司和咖哩粉（如圖）大概翻拌。

3 將2平均倒入烤模裡，以190℃烤約20分鐘。

2
派和鹹派

派皮可以用市售的派皮，或是使用吐司也很方便。吐司用瑪芬蛋糕烤模烘烤的話，可以烤出脆脆的口感，做出像派皮一樣的質感。此外，食用時不需要像一整個派一樣分切，以及可以填入軟滑的奶油也是一大特色。

萊姆派　作法 p.**32**

蛋塔　作法 p.**32**

萊姆派

使用佛羅里達的柑橘萊姆做成的甜酸奶油派，運用萊姆替代變化。

材料（口徑7cm×高3cm的瑪芬蛋糕烤模6個份）

冷凍派皮（20cm方形）…… 1 1/2 片
糖粉 …… 1大匙
蛋黃 …… 1顆份
煉乳 …… 120ml
鮮奶油 …… 2大匙
萊姆汁 …… 4大匙
萊姆皮 …… 少許
〈蛋白霜〉
| 蛋白 …… 1顆份
| 砂糖 …… 15g

前置準備

· 烤箱以180℃預熱。

1 將1片派皮切成4等分的條狀，另外的1/2片則直向對半切。從邊邊捲起來（**a**），再放入烤模裡。

2 用手指往中心壓，再沿著烤模邊緣均勻地壓平（**b**）。

3 用叉子在底部戳洞做出氣孔，邊緣撒上糖粉。鋪上烘焙紙，再放上重石（**c**），以180℃烘烤約20分鐘。

4 將蛋黃和煉乳放入調理碗裡，以打蛋器攪拌（**d**），再依序放入鮮奶油、萊姆汁攪拌，最後放入萊姆皮碎（**e**）。

5 **3**放涼之後，倒入**4**（**f**）。以180℃烘烤5～6分鐘，放涼。

6 製作蛋白霜。將蛋白放入調理碗，再放入砂糖以電動攪拌棒攪拌至呈現光澤可以拉出尖角的狀態。

7 將蛋白霜均勻地鋪在**5**上，以220℃烘烤約3分鐘，將蛋白霜烤至淡淡的焦色。放涼之後，再撒上一些萊姆皮碎。

蛋塔

運用獨特成型的酥脆派皮搭配蛋奶醬，就能做出一款澳門風味的蛋塔。

材料（口徑7cm×高3cm的瑪芬蛋糕烤模6個份）

冷凍派皮（20cm方形）…… 1 1/2 片
〈蛋奶醬〉
| 蛋黃 …… 2顆份
| 砂糖 …… 30g
| 玉米粉 …… 6g
| 牛奶 …… 160ml
| 煉乳 …… 60ml
| 香草莢 …… 1/6 根
| 或是香草精 …… 少許

前置準備

· 將香草莢刮出籽備用。
· 烤箱以190℃預熱。

1 派皮以和萊姆派的**1**～**2**相同的方法製作，再鋪進烤模裡。

2 製作蛋奶醬。將蛋黃和砂糖放入調理碗裡，以打蛋器攪拌至呈現白色的狀態。再加入玉米粉攪拌，最後放入牛奶、煉乳和香草籽攪拌。

3 將**2**封上保鮮膜，以微波爐加熱2分鐘。用打蛋器充分攪拌，再封上保鮮膜加熱1分鐘。再次充分攪拌，斟酌狀態一次加熱10秒大約3次。用打蛋器攪拌至呈現些微的稠狀就OK。放涼。

4 將**3**的蛋奶醬倒入**1**裡，以190℃烘烤約15分鐘，再調至180℃烘烤15～20分鐘。

栗子派

大塊大塊的栗子，用只需要攪拌就完成的杏仁奶醬包住，就是一款很奢華的小派。
和栗子很搭的萊姆酒，可以再讓奶油或是糖漿的風味更有層次。

材料（口徑7cm×高3cm的瑪芬蛋糕烤模6個份）

〈杏仁奶醬〉

  奶油 ——— 50g

  糖粉 ——— 30g

  雞蛋 ——— 1顆

  杏仁粉 ——— 50g

  萊姆酒   2小匙

冷凍派皮（20cm方形）——— $1^1/_2$片

葡萄乾 ——— 40g

萊姆酒 ——— 1小匙

糖煮栗子* ——— 6顆

〈糖漿〉

  砂糖 ——— 20g

  水 ——— 20ml

  萊姆酒 ——— 2小匙

*栗子甘露煮或是糖漬栗子（Marron glacé）也可以。

前置準備

・將奶油、雞蛋回復至室溫。

・將葡萄乾用熱水燙過，淋上萊姆酒備用。

・將烤模塗上奶油（份量外）。→p.8

・烤箱以190℃預熱。

1　製作杏仁奶醬。將奶油放入調理碗裡，再放入糖粉用打蛋器攪拌均勻。接著，放入打散的雞蛋和杏仁粉充分攪拌，最後放入萊姆酒攪拌。

2　將1片派皮切成4等分，另外的 $1/_2$ 片切成一半，都切成正方形。用烘焙紙上下夾著，用擀麵棍各別擀成12cm的四方形（**a**）。

3　將派皮放入烤模裡，沿著烤模貼合。在底部用叉子戳出氣孔（**b**），再依序放入 l 的奶醬、葡萄乾、栗子（**c**）。將派皮像束口袋一樣摺起包住（**d**），捏住封口。

4　以190℃烘烤約30～40分鐘。

5　將糖漿的材料放入耐熱容器裡，用微波爐加熱30秒後攪拌，再用刷子塗在剛出爐的 4 上。

法式焦糖奶油酥

只需要吐司、奶油、砂糖和派皮四種材料就可以完成的一道甜點。有鹽奶油的鹹味可以帶出整體的甜味，增加這道甜點的餘韻。比起市售的奶油酥餅，這裡使用的奶油和砂糖比較少，吃起來也比較沒有負擔。

材料（口徑7cm×高3cm的瑪芬蛋糕烤模6個份）

吐司（10片切）……6片

奶油（有鹽）……80～90g

砂糖……100g

冷凍派皮（20cm方形）……1片

前置準備

· 將奶油回復至室溫。
· 將烤模塗上奶油（份量外），每一個烤模都撒上1小匙（份量外）的砂糖。→p.9
· 烤箱以200℃預熱。

1 將做好前置準備的烤模放入200℃的烤箱烘烤5分鐘。

2 將吐司切邊（參閱下圖，可以做成螺旋派），每一片吐司塗上1大匙的奶油，再撒上2小匙的砂糖。直向分切成3等分。

3 將第一片如圖捲起（a），以第一片富成基底捲上第二片，接著捲上第三片形成漩渦狀。

4 將派皮分切成6等分的條狀，再分別撒上1小匙的砂糖。將3放在派皮上，一樣捲成漩渦狀（b），再封口捏緊。

5 將4的斷面朝上放入烤模，撒上剩下的砂糖，再放上剩下的奶油（c）。接著鋪上一張烘焙紙，壓上調理盤（d），以200℃烘烤約20～25分鐘。取下調理盤和烘焙紙再烘烤約10分鐘。

吐司邊做成的螺旋派

將吐司邊如圖左切下，塗上奶油，撒上砂糖。從一端開始如圖右捲成漩渦狀，再放入已經塗上奶油撒上砂糖的烤模裡。表面撒上剩下的奶油和砂糖，以200℃烘烤約15分鐘。

火腿洋蔥鹹派　作法 p.**40**

火腿洋蔥鹹派

在底部鋪上起司烘烤的話，可以防止派皮漏出派餡。即使多多少少漏出一點，還是能像享用法國吐司一樣品嘗。

材料（口徑7cm×高3cm的瑪芬蛋糕烤模6個份）

吐司（10片切）⋯⋯⋯6片

奶油⋯⋯⋯50g

比薩用起司⋯⋯⋯50g

〈鹹派奶餡〉

　雞蛋⋯⋯⋯2顆

　牛奶⋯⋯⋯50ml

　鮮奶油⋯⋯⋯50ml

　鹽、胡椒⋯⋯⋯各少許

里肌火腿（對半切）⋯⋯⋯6片

洋蔥（切薄片）⋯⋯⋯1/2顆

前置準備

・將烤模塗上奶油（份量外）。→p.8

・烤箱以180℃預熱。

1 將吐司邊切下，四個角切出切口（a）。用保鮮膜夾住。再用擀麵棍擀薄（b）。塗上奶油，中間塗薄，邊緣塗厚一點，放入烤模裡。

2 將起司平均放入1裡（c），以180℃烘烤約5分鐘，烤至起司融化為止（d）。

3 製作鹹派奶餡。將雞蛋、牛奶和鮮奶油放入調理碗裡，用打蛋器充分攪拌再過篩，最後以鹽和胡椒調味。

4 將火腿和洋蔥平均放入2裡（e），再倒入3（f），以180℃烘烤約15分鐘。

鮭魚芹菜鹹派

運用吐司替代派皮製作的鹹派，酥脆鹹香。鹹派奶餡如果過篩的話，口感會更滑順。

材料（口徑7cm×高3cm的瑪芬蛋糕烤模6個份）

吐司（10片切）⋯⋯⋯6片

奶油⋯⋯⋯50g

比薩用起司⋯⋯⋯50g

〈鹹派奶餡〉

　雞蛋⋯⋯⋯2顆

　牛奶⋯⋯⋯50ml

　鮮奶油⋯⋯⋯50ml

　鹽、胡椒⋯⋯⋯各少許

芹菜⋯⋯⋯1/2根

橄欖油⋯⋯⋯適量

煙燻鮭魚⋯⋯⋯6片

前置準備

・將烤模塗上奶油（份量外）。→p.8

・烤箱以180℃預熱。

1 和火腿洋蔥鹹派的前置準備、1～3相同的方法製作。

2 將芹菜去除粗梗，切成薄片，用橄欖油稍微煎一下。

3 將煙燻鮭魚和芹菜放入烤模裡（如圖），倒入鹹派奶餡，以180℃烘烤約15分鐘。

運用吐司邊製作的鹹派

將塗上奶油、切成方塊狀的吐司邊放入紙杯模，再放入洋蔥、火腿（鮭魚或是芹菜都可以）、起司，倒入鹹派奶餡。以180℃烘烤約15分鐘。

前菜小點

運用春捲皮和義大利香腸做成杯狀，再填入沙拉或是蔬菜泥做成的前菜。瑪芬蛋糕烤模不只可以用來做甜點，用來做這樣的派對小點也很適合。

鷹嘴豆泥和醃紅蘿蔔

芋頭泥

馬鈴薯沙拉

酪梨鮮蝦沙拉

春捲杯 —— 酪梨鮮蝦沙拉／鷹嘴豆泥和醃紅蘿蔔

材料（口徑7cm×高3cm的瑪芬蛋糕烤模各3～4個份）
春捲皮（15cm方形）⋯⋯ 6～8片
奶油或是橄欖油⋯⋯ 6～8小匙

《填餡a／酪梨鮮蝦沙拉（3～4個份）》
酪梨1顆（150g） 蝦仁50g **A**（美乃滋30g
甜辣醬1小匙 豆瓣醬1/2小匙 香菜梗切粗末3根份）
紅葉萵苣適量

《填餡b／鷹嘴豆泥和醃紅蘿蔔（3～4個份）》
〈鷹嘴豆泥〉
鷹嘴豆（水煮罐頭）50g 白芝麻醬1大匙
橄欖油1大匙 原味無糖優格1大匙 鹽1/4小匙
檸檬汁少許 孜然少許
〈醃紅蘿蔔〉
紅蘿蔔1條（120g） **B**（橄欖油1大匙 白酒醋1小匙
鹽少許 香菜籽1/3小匙） 紅葉萵苣適量

前置準備
· 烤箱以180℃預熱。

1 用刷子將春捲皮塗上
1小匙的融化奶油。
放入烤模裡做出褶子，
確實地將底部往邊緣
鋪平，以180℃烘烤
約8分鐘至上色。取
下春捲皮，放在網架
上冷卻。

2 製作填餡a。將酪梨切成1.5cm的方塊，蝦
仁用鹽水燙過。將酪梨和蝦仁混合，再放入**A**
攪拌。春捲皮鋪上紅葉萵苣之後，再平均填
入餡料。

3 製作填餡b。將鷹嘴豆的水分瀝乾，全部的材
料用食物調理機或是攪拌棒攪拌成滑順的泥
狀。紅蘿蔔切成細絲，放入**B**攪拌均勻。春
捲皮鋪上紅葉萵苣之後，再依序平均填入鷹
嘴豆泥和醃紅蘿蔔。

義式香腸杯 —— 馬鈴薯沙拉／芋頭泥

材料（口徑4.4cm×高2.4cm的瑪芬蛋糕烤模各5個份）
義式香腸（直徑7cm／薄片）⋯⋯ 30片

《填餡a／馬鈴薯沙拉》
馬鈴薯1顆（約120g） **A**（牛奶少許 美乃滋2大匙
檸檬汁少許） 小黃瓜切薄片、小番茄切薄片各少許

《填餡b／芋頭泥》
芋頭2顆（約120g） **B**（鯷魚切末1片份
牛奶1大匙 巴西里切末1小匙 橄欖油1小匙
檸檬汁1/2小匙 胡椒少許） 義大利香芹少許

前置準備
· 烤箱以150℃預熱。

1 將3片義式香腸放入
烤模裡，做成花瓣的
樣子，以150℃烘烤
約20分鐘。冷卻後，
再取下義式香腸杯。

2 製作填餡a。將馬鈴
薯洗過，用保鮮膜包
住，放入微波爐加熱
3～4分鐘。去皮搗成泥狀，放入**A**攪拌。平
均填入1裡，放上小黃瓜和番茄裝飾。

3 製作填餡b。將芋頭洗過，用保鮮膜包住，放
入微波爐加熱2～3分鐘。去皮搗成泥，放入
B攪拌。平均填入1裡，放上義大利香芹裝飾。

3 法式烘焙點心

法國在地的經典點心或是地域性的傳統點心等等廣受歡迎的烘焙點心。不需要專用的烤模，只需要使用瑪芬蛋糕的烤模，就可以做出可愛的小點心。不管是哪一款點心，只需要將材料攪拌混合就可以完成，很簡單。此外，烘烤時間很短也是一大優點。

瑪德蓮　作法 p.16

費南雪　作法 p.47

瑪德蓮

飄散著奶油的甜香風味，口感濕潤，能夠做出肚臍就是成功的證明。
填入草莓果醬內餡的話，清爽的酸味則會替整體風味畫龍點睛。

材料（口徑7cm×高3cm的瑪芬蛋糕烤模6個份）

奶油 ⋯⋯ 65g

牛奶 ⋯⋯ 2小匙

蜂蜜 ⋯⋯ 1小匙

雞蛋 ⋯⋯ 1顆

砂糖 ⋯⋯ 40g

檸檬汁 ⋯⋯ 1小匙

檸檬皮（刨碎）⋯⋯ 少許

A ┌ 低筋麵粉 ⋯⋯ 70g
　└ 泡打粉 ⋯⋯ 1小匙

前置準備

・將雞蛋、牛奶回復至室溫。

・將烤模塗上奶油（份量外），撒上高筋麵粉（份量外）。→p.8

・烤箱以190℃預熱。

1 在平底鍋煮熱水，再將奶油隔水加熱融化（a）。奶油融化之後，熄火，放在熱水裡保溫備用。

2 將蜂蜜加入牛奶裡充分攪拌。

3 將雞蛋、砂糖放入調理碗裡，以打蛋器充分攪拌。加入2、檸檬汁和檸檬皮碎攪拌。

4 將A的粉類混合之後過篩加入，攪拌至沒有粉氣的狀態。

5 將1融化的奶油一點一點加入，從底部往上翻拌讓整體合而為一（b）。放入冰箱冷藏2小時以上（可以的話一個晚上）。以確實冷卻過的麵糊烘烤的話，溫度的落差可以做出完美的肚臍。

6 將5平均倒入烤模裡，以190℃烘烤約12分鐘。出爐之後馬上從烤模取下，放在網架上冷卻。

ARRANGE

草莓果醬瑪德蓮

上方6將麵糊倒入烤模之後，再分別填入1/2小匙的草莓果醬。

費南雪

外層酥脆，裡側則飄散著焦香奶油和杏仁的香氣。
可以在麵糊裡加入焙茶延伸變化，香氣會更豐富。

材料（口徑4.4cm×高2.4cm的瑪芬蛋糕烤模12個份）

奶油 …… 60g

蛋白 …… 2顆份（60g）

砂糖 …… 50g

A 杏仁粉 …… 40g
　 低筋麵粉 …… 25g

蜂蜜 …… 1大匙

前置準備

· 將烤模塗上奶油（份量外），撒上高筋麵粉（份量外）。
  → p.8

· 烤箱以200℃預熱。

1 製作焦化奶油。在小鍋裡放入奶油，開小火加熱，整體融化之後調整成中火，不斷搖晃鍋子加熱。整體呈現淡淡的褐色，表面冒泡，奶油開始焦化之後（a）熄火。以濾網過濾保溫備用。

2 將蛋白放入調理碗裡，以打蛋器避免將空氣打入地攪拌，再加入砂糖攪拌。

3 將A的粉類材料混合過篩加入，以打蛋器攪拌至滑順的狀態。

4 將焦化奶油（b）和蜂蜜加入3裡，從調理碗的底部確實往上翻拌，拌至出現光澤、整體均勻之後，放入冰箱冷藏半天以上（可以的話一個晚上）。讓奶油凝固，麵糊的結構扎實。

5 將4平均倒入烤模裡，以200℃烘烤約12～15分鐘。出爐之後馬上從烤模取下，放在網架上冷卻。

memo 　4加入焦化奶油的時候，溫度控制在40～50℃為佳。

ARRANGE

焙茶費南雪

上方作法3加入1包焙茶茶包（1.8g），以相同的方法製作。

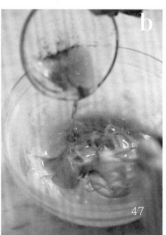

布列塔尼酥餅

源自布列塔尼，外層酥酥脆脆，中間輕盈鬆散的烤餅乾。厚厚的麵糰可以烤出柔軟的口感，薄薄的麵糰則可以烤出像餅乾的酥脆口感。屬於奶油份量比較多的麵糰，放入烤模之後不需要特別鋪開就可以烘烤。

材料（口徑7cm×高3cm的瑪芬蛋糕烤模6個份）

奶油（有鹽）* ……… 100g

糖粉 …… 60g

蛋黃 …… 1顆份

低筋麵粉 …… 100g

* 如果使用的是無鹽奶油，材料需要加上1小撮的鹽。

前置準備

· 將奶油回復至室溫。
· 將烤模塗上奶油（份量外），撒上高筋麵粉（份量外）。→p.8
· 烤箱以160℃預熱。

1 將奶油和糖粉放入調理碗裡，用打蛋器攪拌均勻至呈現鬆軟的狀態，再放入蛋黃攪拌。

2 將低筋麵粉過篩放入，換成攪拌匙從底部往上充分攪拌。

3 用湯匙將2填入烤模裡至1.5cm的高度，再用手指沾水按壓表面（a）。

4 將等量的水混合而成的蛋黃液（份量外）用手指在表面塗上薄薄一層（b），以160℃烘烤約35～40分鐘。

巧克力風味布列塔尼酥餅

將2顆無花果乾分成3～4等分，泡熱水，再淋上1大匙的蘭姆酒（如圖左）。在上方作法2時過篩加入10g的可可粉和90g的低筋麵粉，將麵糰填入烤模後，再放入蘭姆酒漬無花果和1/2片的巧克力塊，再次覆蓋上麵糊整平（如圖右），以相同的時間溫度烘烤。

memo 在巧克力麵糊裡加入少許的肉桂粉也會很美味。

反烤蘋果塔

運用布列塔尼酥餅的麵糰當成塔皮製作而成的迷你反烤蘋果塔。
和煮成焦糖色、美味濃縮的蘋果所創作的滋味,絕妙!

材料(口徑7.8cm×高3.7cm的瑪芬蛋糕烤模6個份)

布列塔尼酥餅的麵糰(參閱p.49)⋯⋯ 同份量
蘋果(紅玉品種)⋯⋯ 4〜5顆*
砂糖⋯⋯ 100g
砂糖⋯⋯ 2大匙
鮮奶油(依個人喜好)⋯⋯ 適量
* 大顆的4顆, 小顆的5顆。

前置準備

・將烤模塗上奶油(份量外),鋪上裁成帶狀的烘焙
紙。→p.9
・烤箱以170℃預熱。

關於如何做出完美的光澤

將蘋果皮和籽放入鍋裡,
加入1杯水,煮約10分鐘
至剩下一半份量。這個富
含果膠的湯汁,如果炒蘋
果不太出水的時候,可以
加入,收乾的蘋果會呈現
美麗的光澤。

1 參閱p.49作法1〜2製作布列塔尼酥餅的麵糰。
將麵糰用擀麵棍擀成7mm厚,再放入冰箱冷凍。

2 將蘋果分切成12等分的半月形,去皮和籽,再橫
向對切。

3 將70g的砂糖和1 1/2大匙(份量外)的水放入平
底鍋裡,開大火邊搖晃鍋子煮至焦褐色之後(a)
放入蘋果。調整成小火,將蘋果煮至表面透明產
生光澤感為止(b)。放入30g的砂糖,煮到蘋果
整體都形成焦糖色之後,熄火。

4 將每一個烤模撒入1小匙的砂糖,再放入3的蘋
果,表面整平至沒有空隙,靜置冷卻。

5 將1的麵糰用直徑7cm的圓形烤模壓出,放在4
上。用叉子戳出氣孔(d),以170℃烘烤20分
鐘,再調降至160℃烘烤15分鐘。冷卻之後放入
冰箱冷藏。

6 從烤模取下後盛盤,放上鮮奶油即可。

memo 剩下的麵糰用瑪芬蛋糕烤模烘烤,脫模的時
候稍微泡一下熱水,再用刀子從側面插入轉一圈,讓
空氣進入再倒扣。

法布魯頓（Far Breton）

外層酥脆、裡面彈牙的口感，是一款來自布列塔尼的當地點心。麵糊比較稀一點，在烤模塗上大量的奶油和砂糖是防止沾黏的訣竅。砂糖融化之後所產生的焦糖香氣讓整個點心的風味更佳。搭配洋李子的酸氣，不管是熱吃冷吃都很美味。

材料（口徑7cm×高3cm的瑪芬蛋糕烤模6個份）

雞蛋⋯⋯1顆

砂糖⋯⋯40g

A ⎡ 低筋麵粉⋯⋯60g
  ⎣ 鹽⋯⋯1小撮

牛奶⋯⋯150ml

鮮奶油⋯⋯120ml

洋李子（大）⋯⋯6顆

奶油⋯⋯20g

前置準備

・將雞蛋回復至室溫。
・將洋李子淋上蘭姆酒（份量外）。
・將烤模塗上多一點奶油（份量外），再撒上各1/2〜1 小匙的砂糖（份量外）。→p.9
・烤箱以180℃預熱。

1 在調理碗裡打散雞蛋，再放入砂糖，用打蛋器攪拌均勻，一邊過篩加入混合過的 **A** 一邊攪拌。

2 將牛奶和鮮奶油混合之後，一點一點地加入 1 裡攪拌。靜置1小時以上（a），讓粉類和水分充分融合。

3 將麵糊平均倒入烤模裡，再放入洋李子（b），再放上分切過的奶油（c）。

4 以180℃烘烤30〜40分鐘，烤至邊緣稍微焦化為止。烘烤過程中，如果膨脹超出烤模的話，用湯匙輕輕按壓，小心燙傷。

memo 將麵糊倒入烤模至九分滿，再放入洋李子。如果麵糊有剩下的話，可以倒入別的鋁製或是不鏽鋼製的杯子裡一起烘烤。雖然這款點心的經典作法是使用洋李子，但換成杏桃乾也很適合。使用杏桃的時候，用可以覆蓋過杏桃的水量煮，或是用相同的水量放入微波爐加熱。

甜橙草莓杏仁塔（Amandine）

杏仁奶餡加上水果就可以簡單製作而成的小塔。最後塗上杏桃果醬，呈現出光澤感，外觀更豪華。甜橙也可以替換成櫻桃、葡萄、洋梨或是蘋果等當季的水果。

材料（口徑7cm×高3cm的瑪芬蛋糕模具6個份）

甜橙杏仁小塔

甜橙 ⋯⋯ 2顆

〈杏仁奶餡〉

奶油 ⋯⋯ 50g

糖粉 ⋯⋯ 50g

雞蛋 ⋯⋯ 1顆

杏仁粉 ⋯⋯ 50g

低筋麵粉 ⋯⋯ 15g

蘭姆酒* ⋯⋯ 1小匙

如果有香草精的話 ⋯⋯⋯ 少許

杏仁片 ⋯⋯ 適量

杏桃果醬 ⋯⋯ 3大匙

蘭姆酒* ⋯⋯ 1小匙

* 可以替換成橙酒（Grand Marnier）。

草莓杏仁小塔

除了甜橙以外，其他材料都相同份量。

草莓 ⋯⋯ 12顆

杏仁奶餡的蘭姆酒可以用櫻桃白蘭地替代。

前置準備（共用）

· 將雞蛋、奶油回復至室溫。

· 將模具塗上奶油（份量外），撒上高筋麵粉（份量外）。→p.8

· 烤箱以200℃預熱。

1 將甜橙的上下切除，接著連著薄膜和皮一起切除（**a**），將刀子插進薄膜和果肉之間，取出一個一個果肉（**b**），稍微擦乾水分。

2 製作杏仁奶餡。將奶油放入調理碗裡，加入糖粉以打蛋器攪拌均勻，再放入蛋液、杏仁粉充分攪拌。接著加入低筋麵粉和蘭姆酒，如果有香草精的話可以加入攪拌。

3 將**2**平均倒入烤模裡（**c**），表面整平。再排上**1**的甜橙（**d**），撒上杏仁片。

4 以200℃烘烤10分鐘，接著，再調降至180℃烘烤10～15分鐘。

5 將杏桃果醬和45ml的水（份量外）放入小鍋裡煮至沸騰，再淋入蘭姆酒。

6 **4**放涼之後，用刷子在表面塗上**5**。

草莓杏仁小塔

和上面作法**2**一樣製作杏仁奶餡，**3**則改放切成薄片的草莓（如圖），撒上杏仁片。**4**～**6**則以相同的方法製作。

a

b

c

d

熔岩巧克力

只需要一個調理碗將材料混合在一起就可以簡單完成，運用苦味巧克力可以做出不會過甜的經典風味。插入叉子，讓巧克力緩緩流出，趁熱享用。

材料（口徑7cm×高3cm的瑪芬蛋糕烤模6個份）

烘焙用巧克力（可可成分60%以上）……100g

奶油 …… 80g

雞蛋 …… 2顆

砂糖 …… 30g

A ┌ 玉米粉 …… 1大匙
　└ 可可粉　　1大匙

白蘭地漬櫻桃* …… 12顆

*將黑櫻桃用櫻桃白蘭地浸漬一個晚上，換成冷凍覆盆子、香蕉或
　是柑橘果醬都很適合。

前置準備

· 將雞蛋回復至室溫。

· 將巧克力切碎。

· 將紙杯模放入模具裡。→p.8

· 烤箱以180℃預熱。

1　將巧克力和奶油放入耐熱容器裡，隔水加熱使其融化，攪拌至呈現滑順的質感。

2　將雞蛋打入調理碗裡，放入砂糖用打蛋器攪拌均勻至起泡。加入1（a）大概攪拌（b）。

3　將混合備用的A過篩加入（c），用打蛋器從底部往上快速翻拌。

4　將3的麵糊平均倒入模具裡，每一個模具裡放入2顆櫻桃（d）。

5　以180℃烘烤7～8分鐘。

memo　4的狀態可以冷凍保存。想要吃的時候，以冷凍的狀態放入烤箱烘烤，多烤1～2分鐘。

a

b

c

d

即使沒有專用的戚風蛋糕烤模，如果有稍微高一點的紙杯模的話，就可以做出小巧蓬鬆濕潤的戚風蛋糕。不只是烘烤時間變短了，取模的時候也不容易失敗。

4 戚風蛋糕

抹茶戚風蛋糕　作法 p.60

黑糖戚風蛋糕　作法 p.**60**

抹茶戚風蛋糕

一款飄散著抹茶濃厚香氣的和式戚風蛋糕。
使用顏色翠綠的抹茶製作，可以做出漂亮色澤的蛋糕。

材料（口徑6.5cm×高5cm的紙杯模6個份）

雞蛋 —— 2顆

砂糖 —— 50g

沙拉油 —— 30ml

水 —— 30ml

A 低筋麵粉 —— 45g
　 抹茶 —— 6g

鮮奶油、抹茶 —— 各適量

前置準備

・將雞蛋的蛋黃和蛋白分開備用。

・烤箱以180℃預熱。

1 將蛋黃和1/3份量的砂糖放入調理碗裡，以打蛋器攪拌至呈現白色的狀態。再依序加入沙拉油、水（a）和過篩混合的A，充分攪拌均勻（b）。

2 製作蛋白霜。將蛋白放入另一個調理碗，以手持電動攪拌棒攪拌，拌至呈現蓬鬆的狀態之後，加入剩下的砂糖，再繼續攪拌至可以拉出尖角的狀態（c）。

3 將1/3份量的蛋白霜加入1裡（d），以打蛋器充分攪拌。加入剩下的蛋白霜，換成攪拌匙以切拌的方式大致翻拌至出現光澤感即可（e）。

4 將3的麵糊倒入紙杯模裡約七分滿（f），以180℃烘烤約20分鐘。

5 放涼之後，脫模，擠上鮮奶油，撒上抹茶粉。

黑糖戚風蛋糕

黑糖獨特的風味會在口中擴散開來。搭配奶香十足的鮮奶油，美味度倍增。

材料（口徑6.5cm×高5cm的紙杯模6個份）

水 —— 30ml

黑糖 —— 50g

沙拉油 —— 30ml

雞蛋 —— 2顆

低筋麵粉 —— 60g

鮮奶油 —— 適量

前置準備

・將雞蛋的蛋黃和蛋白分開備用。

・烤箱以180℃預熱。

1 將水和20g的黑糖放入耐熱容器裡，以微波爐加熱約30秒，讓黑糖溶解。再加入沙拉油攪拌。

2 將蛋黃放入調理碗裡，少量地加入1（如圖），以打蛋器攪拌至呈現白色的狀態。再過篩加入低筋麵粉，充分攪拌均勻。

3 和抹茶戚風蛋糕的作法2～4相同的方法製作。

4 放涼之後，脫模，上部切下約1.5cm。擠上鮮奶油，再將切下的部分蓋上。

卡士達奶油戚風蛋糕

軟軟鬆鬆的蛋糕體和淡淡甜甜的卡士達奶油，特別適合搭在一起。
黏黏稠稠的卡士達奶油，運用微波爐就可以簡單製作。

材料（口徑6.6cm×高4cm的紙杯模6個份）

雞蛋 ⋯⋯ 2顆

砂糖 ⋯⋯ 50g

沙拉油 ⋯⋯ 30ml

水 ⋯⋯ 30ml

低筋麵粉 ⋯⋯ 60g

〈卡士達奶油〉

　蛋黃 ⋯⋯ 2顆份

　砂糖 ⋯⋯ 25g

　A｜低筋麵粉 ⋯⋯ 10g
　　｜玉米粉 ⋯⋯ 5g

　牛奶 ⋯⋯ 150ml

　香草莢 ⋯⋯ 少許

　奶油 ⋯⋯ 5g

鮮奶油 ⋯⋯ 100ml

砂糖 ⋯⋯ 1/2大匙

前置準備

・將雞蛋的蛋黃和蛋白分開備用。

・將香草莢刮下籽備用。

・烤箱以180℃預熱。

1 將蛋黃和1/3份量的砂糖放入調理碗裡，以打蛋器攪拌至呈現白色的狀態。再依序加入沙拉油、水和過篩的低筋麵粉，充分攪拌均勻。

2 和抹茶戚風蛋糕（p.60）的作法2～4相同的方法製作。

3 製作卡士達奶油。將蛋黃和砂糖放入調理碗裡充分攪拌。過篩加入A的粉類，再加入牛奶和香草籽充分攪拌。封上保鮮膜，用微波爐加熱1分鐘，再用打蛋器攪拌。再加熱1分鐘後攪拌，最後再加熱30秒。奶油開始凝固之後，充分攪拌，再加熱30秒，用打蛋器充分攪拌（a）。趁溫熱的狀態加入奶油攪拌。

4 將3過篩倒入鋪著保鮮膜的調理盤上，再蓋上保鮮膜，上面用保冷劑壓著急速冷卻（b）。

5 將砂糖加入鮮奶油裡，攪打成可以拉成尖角接近固體的狀態。

6 用打蛋器將4冷卻的卡士達奶油打散，再加入5的鮮奶油大致攪拌。

7 2的戚風蛋糕冷卻之後，用小刀在底部劃出2個切口。將6裝入擠花袋，裝上擠花嘴，再從切口填入（c）。

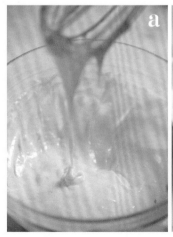

番茄乾培根戚風蛋糕

當成輕食或是小點心的鹹味戚風蛋糕，對於不喜歡吃甜點的人也OK。
引起食欲的橘色蛋糕體，來自番茄汁的顏色。

材料（口徑6.5cm×高5cm的紙杯模6個份）

A | 橄欖油 ⋯⋯⋯ 20ml
番茄汁 ⋯⋯⋯ 50ml
番茄乾 ⋯⋯⋯ 10g

培根 ⋯⋯⋯ 20g
洋蔥 ⋯⋯⋯ 20g
羅勒 ⋯⋯⋯ 3～4片
蛋黃 ⋯⋯⋯ 2顆份
芥末籽 ⋯⋯⋯ 2小匙
起司粉 ⋯⋯⋯ 2大匙
大蒜粉（如果有的話）⋯⋯⋯ 少許
低筋麵粉 ⋯⋯⋯ 55g
〈蛋白霜〉
蛋白 ⋯⋯⋯ 3顆份
砂糖 ⋯⋯⋯ 15g

前置準備

・烤箱以170℃預熱。

1 將**A**的番茄乾切成小塊。培根切大塊，洋蔥和羅勒則切成碎末。

2 將**A**放入耐熱容器裡，放入微波爐加熱約10秒。

3 將蛋黃放入調理碗裡，再加入一半份量的**2**，以打蛋器攪拌至滑順的狀態（**a**），再放入剩下的**2**充分攪拌。加入芥末籽、起司粉、大蒜粉攪拌（**b**）。

4 將低筋麵粉過篩加入**3**，攪拌至沒有粉氣的狀態為止。

5 製作蛋白霜。將蛋白放入另一個調理碗，以手持電動攪拌棒攪拌，拌至呈現蓬鬆的狀態之後，加入砂糖，再繼續攪拌至呈現光澤、可以拉出尖角的狀態。

6 將 1/3 份量**5**的蛋白霜放入**4**裡（**c**），以打蛋器充分攪拌。加入培根、洋蔥、羅勒和剩下的蛋白霜（**d**），以攪拌匙大致翻拌。

7 將**6**的麵糊倒入紙杯模約七分滿，以170℃烘烤約20分鐘。

5

起司蛋糕

起司蛋糕的作法只需要將材料依序混合在一起,再烘烤或是放入冰箱冷藏即可完成。在酸味、濃醇和口感之間可以取得平衡的話,就是不會膩口的美味。運用瑪芬蛋糕模具做成小小的造型,很適合帶去朋友家聚會或是家庭派對時食用。

Oreo 生起司蛋糕　作法 p.**68**

柚子白巧克力起司蛋糕　作法 p.**70**

Oreo生起司蛋糕

入口即化綿密的起司蛋糕,運用咖啡奶油提味。只需要在底部鋪上苦味的餅乾,就能輕鬆完成。

材料(口徑6.5cm×高5cm的紙杯模6個份)

Oreo餅乾 ┈┈ 60g

奶油 ┈┈ 10g

奶油起司 ┈┈ 200g

砂糖 ┈┈ 30g

鮮奶油 ┈┈ 200ml

- 洋菜粉 ┈┈ 3g
- 水 ┈┈ 1$\frac{1}{3}$大匙

- 即溶咖啡 ┈┈ $\frac{1}{2}$小匙
- 熱開水 ┈┈ $\frac{1}{2}$小匙

鮮奶油、Oreo餅乾(小) ┈┈ 各適量

前置準備

· 將奶油起司放入微波爐加熱約30秒。

· 將洋菜粉放入水裡吸收水分。

1 將Oreo餅乾放入厚一點的保存袋裡,再用擀麵棍敲碎(a)。加入用微波爐或是隔水加熱融化的奶油,揉捏混合。平均放入紙杯模裡,再用套上保存袋的湯匙按壓底部(b)讓表面平整。

2 將奶油起司和20g的砂糖放入調理碗裡,用打蛋器充分攪拌。

3 取50ml的鮮奶油,用微波爐加熱1分鐘(或是放入小鍋加熱至沸騰前的狀態),再放入吸飽水分的洋菜粉(c)使其融化。趁著溫熱的狀態放入2裡,充分攪拌。

4 將剩下的砂糖加入剩下的鮮奶油裡,用打蛋器攪拌至可以拉出尖角的狀態。將一半的份量放入冷卻的3裡,充分攪拌。

5 再加入剩下的4,用攪拌匙大概攪拌。這份麵糊取4大匙保留備用,剩下的平均倒入1的杯模裡,再放入冷凍庫約20分鐘至表面凝固。

6 將保留備用的5麵糊和溶解的咖啡液充分攪拌,再平均鋪在5上(d)。放入冰箱冷藏3小時以上冷卻凝固。

7 從紙杯模取出,用鮮奶油和Oreo餅乾裝飾。

柚子白巧克力起司蛋糕

奶香十足的白巧克力最適合搭配柚子，入口濃郁香醇。靜置一個晚上，會更加美味。

材料（口徑7cm×高3cm的瑪芬蛋糕烤模6個份）

鮮奶油 ⋯⋯ 100ml

白巧克力 ⋯⋯ 40g

奶油起司 ⋯⋯ 200g

砂糖 ⋯⋯ 50g

雞蛋 ⋯⋯ 1顆

原味優格（無糖）⋯⋯ 80g

玉米粉 ⋯⋯ 10g

柚子果醬 ⋯⋯ 2大匙

柚子皮（刨碎）⋯⋯ 適量

前置準備

・將巧克力切成小塊。

・將奶油起司回復至室溫。

・將優格放在鋪著廚房紙巾的濾網上，靜置30分鐘
　～1小時至剩下一半份量為止。

・將鋁製杯模放入烤模裡。

・烤箱以170℃預熱。

1　將一半份量的鮮奶油放入小鍋裡，加熱至快要沸騰的狀態即熄火，放入白巧克力（a）融化。

2　將奶油起司、1、砂糖和剩下的鮮奶油放入調理碗裡充分攪拌。接著依序放入雞蛋、優格、玉米粉充分攪拌。放入柚子果醬（b），大致翻拌。

3　將2平均倒入鋁製杯模裡，撒上袖子皮碎（c）。放入烤盤，倒入熱水（d），以170℃烘烤20～25分鐘。直接放在烤箱裡降溫或是整體包上鋁箔紙燜蒸降溫皆可。

4　冷卻之後，放入冰箱冷藏一個晚上。從鋁製杯模取出盛盤，撒上一些柚子皮碎。

舒芙蕾起司蛋糕

加入蛋白霜，在口中會形成軟綿綿入口即化的口感。
隔水烘烤做成的舒芙蕾起司蛋糕，會帶有清爽的後味。

材料（口徑6cm×高5cm的紙杯模6個份）

奶油起司 ⋯⋯ 100g

奶油 ⋯⋯ 20g

牛奶 ⋯⋯ 50ml

砂糖 ⋯⋯ 10g

蛋黃 ⋯⋯ 2顆份

A ｜ 低筋麵粉 ⋯⋯ 10g
　｜ 玉米粉 ⋯⋯ 5g

檸檬汁 ⋯⋯ 1/2小匙

香草莢或是香草籽醬 ⋯⋯ 少許

起司粉 ⋯⋯ 1小匙

〈蛋白霜〉

　｜ 蛋白 ⋯⋯ 2顆份
　｜ 砂糖 ⋯⋯ 45g

糖粉 ⋯⋯ 適量

前置準備

・將香草莢刮出籽備用。
・將紙杯模內側塗上奶油（份量外）。
・烤箱以160℃預熱。

1　將奶油起司放入耐熱調理碗，用微波爐加熱20秒至軟化的狀態。

2　將奶油和牛奶混合，封上保鮮膜，用微波爐加熱1分鐘，充分攪拌。

3　將砂糖、2和蛋黃加入1，用打蛋器攪拌（a）。將A過篩加入後，再依序加入檸檬汁、香草籽和起司粉，用打蛋器攪拌均勻。

4　製作蛋白霜。將蛋白放入另一個調理碗裡，以手持電動攪拌棒攪拌至蓬鬆的狀態之後，加入砂糖攪拌至呈現光澤可以拉出尖角的狀態（b）。

5　將1/3份量的蛋白霜加入3裡，用打蛋器充分攪拌（c）。加入剩下的蛋白霜，用打蛋器大概攪拌，再換成攪拌匙攪拌至呈現滑順的質感為止（d）。

6　將5平均倒入紙杯模裡，再放入烤盤型瑪芬蛋糕烤模裡，最後放入烤盤。倒入熱水以160℃烘烤約30分鐘。直接放在烤箱裡冷卻，冷卻之後，再放入冰箱冷藏一個晚上。依照個人喜好撒上糖粉。

memo　如果6烘烤30分鐘，還是沒有上色的話，請調整成180℃再烘烤5分鐘。

葡萄乾布里起司蛋糕

經過酒漬讓水果乾的口感和風味更佳。運用2種起司做成濕潤口感的起司蛋糕，可以品嘗到溫潤的甜鹹滋味。做成一口尺寸，外觀可愛，當成容易取用的開胃前菜也很適合。

材料（口徑4.4cm×高2.4cm的瑪芬蛋糕烤模12個份）

蘇丹娜（Sultana）葡萄乾、無花果乾（白）、柳橙皮
…… 合計70g

A | 白酒 …… 50ml
    | 橙酒（Grand Marnier）…… 1大匙

奶油起司 …… 100g

酸奶油 …… 90g

砂糖 …… 60g

雞蛋 …… 1顆

蛋黃 …… 1顆份

奶油 …… 10g

玉米粉 …… 10g

布里起司 …… 100g

橙酒（Grand Marnier）…… 1大匙

核桃 …… 20g

前置準備
・將奶油起司回復至室溫。
・將奶油隔水加熱或用微波爐融化。
・將烘焙紙杯模放入烤模裡。→p.8
・烤箱以180℃預熱。

1 將葡萄乾和無花果乾淋上熱水，瀝乾水分。再將無花果和柳橙皮切成5mm的丁狀。

2 將**A**放入調理碗裡，再加入**1**，浸漬1個小時以上（**a**）。

3 將奶油起司和酸奶油放入調理碗裡，加入砂糖用打蛋器攪拌均勻。接著依序加入雞蛋、蛋黃、融化奶油、玉米粉充分攪拌。

4 將布里起司撕成一口大小加入**3**（**b**），再加入**2**大致攪拌。加入橙酒攪拌。

5 將**4**平均倒入烤模裡，放入壓碎的核桃。放入烤盤，烤盤倒入熱水，以180℃烘烤20分鐘。直接放在烤箱裡冷卻，或是整體包上鋁箔紙燜蒸冷卻。冷卻之後，再放入冰箱冷藏一個晚上。

冷製點心

如果使用瑪芬蛋糕用的紙杯模，也可以做出冷凍凝固的
冰淇淋蛋糕。這裡會介紹只需要攪拌材料使其凝固就完
成的品項，也會有分層或是加上裝飾的冰淇淋蛋糕。

桃子杏仁冰淇淋蛋糕　作法 p.**78**

香蕉太妃糖風味冰淇淋蛋糕　作法 p.**79**

桃子杏仁冰淇淋蛋糕

甜香的杏仁霜，搭配上桃子製作而成的一款冰淇淋蛋糕。
當成餐後甜點，清爽的後味，讓口腔為之清新。

材料（口徑6cm×高4.5cm的紙杯模6個份）

杏仁霜 …… 25g

水 …… 100ml

牛奶 …… 100ml

蜂蜜 …… 2大匙

鮮奶油 …… 100ml

砂糖 …… 2小匙

白桃（切半／罐頭）…… 1～2顆

法國芫荽（如果有的話）…… 少許

1 將杏仁霜和水放入小鍋裡充分攪拌，加熱。出現白濁的狀態之後熄火，再加入牛奶和蜂蜜充分攪拌。

2 將鮮奶油和砂糖放入1裡，用打蛋器攪拌。

3 將麵糊平均倒入紙杯模裡，再平均放入切成一口大小的桃子。

4 放入冰箱冷凍2個小時以上，使其冷卻凝固。脫模盛盤，如果有法國芫荽的話可以放上點綴。

香蕉太妃糖風味冰淇淋蛋糕

奶油起司換成原味優格的話，口感更輕盈。
香蕉黏軟的口感，不會凍得太硬，入口即化的一款冰淇淋蛋糕。

材料（口徑6.6cm×高4cm的紙杯模6個份）

香蕉 ……… 2根
砂糖 ……… 60g
水 ……… 1大匙
鮮奶油 ……… 200ml
煉乳 ……… 30g
原味優格（無糖）……… 200g
全麥餅乾 ……… 6片
咖啡豆 ……… 少許

前置準備

· 將優格倒在鋪著廚房紙巾的濾網上，瀝乾
  水分至剩下一半份量約100g為止，大約
  30分鐘～1小時。

1 將香蕉切成1cm厚度的圓片狀。

2 將砂糖和水放入平底鍋，開中火加熱至呈現焦糖色
  後，放入 1 煎。取其中的 1/3 份量當成裝飾用。

3 將鮮奶油打至可以拉出尖角、慢慢會下垂的狀態，
  再放入煉乳攪拌。接著，加入瀝乾水分的優格攪拌。

4 將 2 和 3 混在一起攪拌，平均倒入紙杯模裡，再鋪
  上餅乾。

5 將 4 放入冰箱冷凍2個小時以上，使其冷卻凝固。脫
  模，倒扣在盤子上，再放上 2 預留裝飾用的香蕉。
  最後可以再撒上咖啡粉點綴。

6 麵包

如果有瑪芬蛋糕烤模的話，可以做出好像是麵包店在賣的麵包。放入酵母、揉捏麵糰、一次發酵、二次發酵，只要參閱這些基本步驟，稍微花一些時間就可以成功做出正統的麵包。

檸檬布里歐許　作法 p.**82**

肉桂捲　作法 p.**84**

檸檬布里歐許

將奶油揉進麵粉裡，口味濃郁的麵包。因為奶油的份量比較多，揉麵相對耗時，剛出爐時的蓬鬆輕盈口感特別美味。

材料（口徑7cm×高3cm的瑪芬蛋糕烤模6個份）

| 高筋麵粉 …… 150g
| 乾式酵母 …… 2g
| 鹽 …… 2g
| 砂糖 …… 15g

雞蛋 …… 1顆
蛋黃 …… 1顆份
牛奶 …… 35～40ml
奶油 …… 25g
珍珠糖 …… 適量
檸檬皮（刨碎）…… 1/2顆份
手粉（高筋麵粉）…… 適量
蛋液 …… 適量

前置準備

・將奶油回復至室溫。
・將雞蛋、蛋黃和牛奶混合加熱至30℃左右。
・將珍珠糖和檸檬皮碎混合備用。
・將模具塗上大量的奶油（份量外）。→p.8
・烤箱以170℃預熱。

1 將高筋麵粉、乾式酵母、鹽和砂糖放入調理碗裡。再放入已經備好的牛奶蛋液，用攪拌匙攪拌（a）。

2 攪拌至成糰後，取出放在工作台上。用手掌的根部按壓延展（b），翻摺並改變方向，重複這個步驟，直到麵糰延展會出現薄膜的狀態（c）。再加入奶油（d）以相同的方法操作，揉至奶油充分融進麵糰裡。以柔軟有彈力可以看到手指的程度為標準。

3 將麵糰整成圓形放入調理碗裡，封上保鮮膜，放在室溫進行一次發酵約1小時30分鐘至麵糰膨脹成2倍的大小（e）。運用烤箱的發酵功能以35℃發酵60分鐘也可以。

4 排氣，在麵糰撒上手粉，取出放在工作台上，以刮板切成6等分，讓表面延展開來地轉動麵糰揉圓（f）。

5 蓋上布巾，靜置10分鐘左右（g）。

6 將麵糰揉圓，放入烤模裡（h）。

7 在室溫進行二次發酵，讓麵糰膨脹至與烤模差不多大小為止（i）。運用烤箱的發酵功能以35℃發酵40分鐘也可以。

8 用毛刷在麵糰表面塗上蛋液，再放上備好的珍珠糖，按壓進麵糰（j）。以170℃烘烤約12分鐘。

memo 8的蛋液用牛奶替代也可以。

肉桂捲

在麵糰裡包進肉桂醬，做成漩渦狀的麵包。誕生於北歐的甜麵包，一定要淋上大量的糖霜。

材料（口徑7cm×高3cm的瑪芬蛋糕烤模6個份）

高筋麵粉 ┄┄ 150g
乾式酵母 ┄┄ 2g
鹽 ┄┄ 2g
砂糖 ┄┄ 15g
牛奶 ┄┄ 50ml
水 ┄┄ 50ml
奶油 ┄┄ 15g

〈肉桂抹醬〉
奶油 ┄┄ 20g
砂糖 ┄┄ 20g
小荳蔻粉 ┄┄ 1/4小匙
肉桂粉 ┄┄ 1小匙

〈糖霜〉
奶油起司 ┄┄ 60g
奶油 ┄┄ 30g
糖粉 ┄┄ 30g
紅糖（或是蔗糖）┄┄ 20g

手粉（高筋麵粉）┄┄ 適量

前置準備

・將奶油回復至室溫。
・將牛奶和水混合加熱至30℃左右。
・將模具塗上大量的奶油（份量外）。→p.8
・烤箱以170℃預熱。

1　將高筋麵粉、乾式酵母、鹽和砂糖放入調理碗裡，再放入已經備好的牛奶液，用攪拌匙攪拌。

2　和檸檬布里歐許（p.82）的作法 **2**～**3** 相同的方法製作。

3　在麵糰撒上手粉，取出放在工作台上，整成圓形。蓋上布巾靜置休息10分鐘。

4　將肉桂抹醬的材料混合攪拌。

5　將 **3** 的封口朝上，用擀麵棍擀成約24×20cm大小，再塗上 **4**，靠近自己的一側和兩端不塗。

6　往靠近身體這一側捲（**a**），捲到底後用手指捏緊封口。

7　用菜刀分切成6等分（**b**），切口朝上放入烤模裡（**c**）。在室溫下讓麵糰二次發酵至和烤模相同尺寸為止（**d**）。運用烤箱的發酵功能以35℃發酵40分鐘也可以。

8　以170℃烘烤約12分鐘（**e**），出爐後放涼。將糖霜的材料混合攪拌，塗在肉桂捲的表面上，乾燥即可。

火腿起司麵包捲

將香草起司和火腿捲入麵糰裡，
做成的美味麵包。
既可以當成主餐麵包食用，
因為不甜，用來配酒也很適合。

材料（口徑7cm×高3cm的瑪芬蛋糕烤模6個份）

| 高筋麵粉 —— 150g
| 乾式酵母 —— 2g
| 鹽 —— 2g
| 砂糖 —— 15g
牛奶 —— 50ml
水 —— 50ml
奶油 —— 15g
奶油起司 —— 50g
蒔蘿（新鮮／切成1cm長度）—— 3g
里肌火腿 —— 80g
手粉（高筋麵粉）—— 適量

前置準備

‧和肉桂捲（p.84）的前置準備相同。
‧將奶油起司回復至室溫，和蒔蘿混合備用。

memo 蒔蘿也可以改用羅勒、細葉香芹、紫蘇或
是青蔥取代，一樣美味。

1 和肉桂捲（p.84）的作法 **1**～**3**相同的方法製作。

2 將麵糰的封口朝上，用擀麵棍擀成約24×20cm
　 大小，再塗上蒔蘿奶油起司，靠近自己的一側和
　 兩端不塗，接著鋪上4片火腿（**a**）。

3 往靠近身體這一側捲，捲到底後用手指捏緊封口。

4 和肉桂捲的作法**7**相同的方法製作（**b**）。

5 以170℃烘烤約12分鐘。

雞蛋泡芙（Popover）

在美國很常見的輕食，像泡芙一樣的口感。因為
稍微帶有鹹味，和蔬菜棒一起上桌當成前菜，或
是搭配果醬、蜂蜜，或一碗湯都可以，請按照自
己的喜好享用。

表皮香脆，中間有很大的空洞，
一款很獨特的速成麵包。
因為麵糰烘烤過後會膨脹一倍，
所以麵糰只需要放入烤模約六分滿。

材料（口徑7cm×高3cm的瑪芬蛋糕烤模5個份）

低筋麵粉 ┄┄ 50g

砂糖 ┄┄ $1/2$ 小匙

鹽 ┄┄ $1/4$ 小匙

牛奶 ┄┄ 80ml

雞蛋 ┄┄ 1顆

奶油 ┄┄ 1小匙

前置準備

・將雞蛋回復至室溫。
・將模具塗上大量的奶油（份量外）。→p.8
・將奶油隔水加熱或是用微波爐加熱融化。
・烤箱以220℃預熱。

1 將低筋麵粉、砂糖、鹽放入調理碗裡，用打蛋器大概攪拌（**a**）。

2 將蛋液加入牛奶裡充分攪拌，一點一點加入1裡（**b**）攪拌至呈現滑順的狀態。從中心往外像混凝土一樣攪拌就不會結塊。

3 在2裡加入融化的奶油（**c**）攪拌，封上保鮮膜靜置15分鐘。

4 將3平均倒入模具約六分滿。以220℃烘烤10分鐘，再調降成170℃烘烤20分鐘。

裝飾點子

塗上鮮奶油或是擠上奶油花，簡單的裝飾就能替瑪芬蛋糕創造不同的個性表情。

NO.1

檸檬糖霜
＋
香草糖霜

用湯匙塗上檸檬糖霜（參閱 p.14）。再用毛刷塗上已經和薄荷或是羅勒混合在一起的蛋白，放入鋪滿砂糖的調理盤裡裹上砂糖，乾燥半天至一天就可以當成蛋糕上的裝飾。罌粟花的花瓣也以相同的方法製作。（6 個份）

NO.2

甘納許
＋
棉花糖

將 30g 的巧克力碎加熱到快要沸騰，再加入 2 小匙的牛奶，慢慢攪拌融化。或是將 30g 鏡面用的巧克力隔水加熱融化。在巧克力瑪芬蛋糕的中間鋪上甘納許再放上棉花糖，接著，再將甘納許用小擠花袋＊或是湯匙畫出線條。（3 個份）

NO.3

甘納許
＋
穀物片

將 30g 的巧克力碎加熱到快要沸騰，再加入 2 小匙的牛奶，慢慢攪拌融化。或是將 30g 鏡面用的巧克力隔水加熱融化。將甘納許鋪在巧克力瑪芬蛋糕的中間，再裝飾上穀物片。（3 個份）

NO.4

藍莓糖霜
＋
糖漬三色堇

將 3 大匙糖粉、1 小匙藍莓果醬（用濾網過篩）、1 小匙檸檬汁充分混合攪拌，拌至可以慢慢流下的濃稠度，在蛋糕上放 1 大匙，再用湯匙背面延展。邊緣再黏上糖漬三色堇。（2 個份）

NO.5

白巧克力
＋
柳橙皮

將 30g 鏡面用的白巧克力隔水加熱融化，再用小擠花袋 * 或是湯匙畫出線條。放上柳橙皮裝飾。（3～4 個份）

NO.6

覆盆子果醬
＋
糖粉

將瑪芬蛋糕切成 3 等分。在切面塗上覆盆子果醬再疊合，撒上糖粉。

NO.7

鮮奶油
＋
冷凍覆盆子

將 2 小匙的砂糖放入 120ml 的鮮奶油裡，攪拌至可以拉出尖角接著慢慢下垂的狀態，擠在蛋糕上。撒上冷凍覆盆子碎。也很適合用在戚風蛋糕上。（3～4 個份）

NO.8

起司奶油
＋
杏桃果醬

放上一坨起司奶油（參閱 p.18），再放上約 $1/2$ 小匙的杏桃果醬。撒上開心果碎。（3～4 個份）

＊小擠花袋的作法

小擠花袋就是小型紙製擠花袋。將烘焙紙剪成等腰三角形，以最長那一邊的中央為起點，像 **1** 一樣捲成圓錐狀，再像 **2** 一樣將尖端整成尖角。接著，將上端的紙往內摺入，填入奶油。上端的左右摺下之後，像 **3** 一樣封口，前端稍微剪掉。

簡單的點心包裝

這裡會介紹可以當成禮物或是帶去派對用的點心的簡單包裝點子。

可以看到內容物的塑膠容器

日常就將一些設計時髦的空罐子或是盒子收納起來的話，當成禮物用的包裝就能派上用場。這裡用的是放水果的塑膠容器。用瑪芬蛋糕的氛圍寫上英文，再加上 Bon appétit。

不容易變形的點心，
包裝起來即為裝飾的亮點

屬於厚餅乾的布列塔尼酥餅，用烘焙紙或是油紙一個一個包起來。再用牙籤像是縫起來一樣固定就可以。附有旗子的牙籤更加可愛。屬於方便分送的包裝。

利樂包的包裝做成巴黎風情

在法國的甜點店經常可以看到這種利樂包的包裝。將沒有底部的紙袋像插圖一樣攤開，放入點心。將 A 和 B 對齊摺兩次，以紙膠帶或是個人喜歡的貼紙固定即完成。如果想要可以看見內容物，就用透明的 OPP 袋製作。

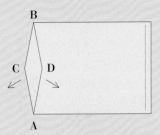

將袋子橫擺，以 AB 線的中心 CD 攤開。

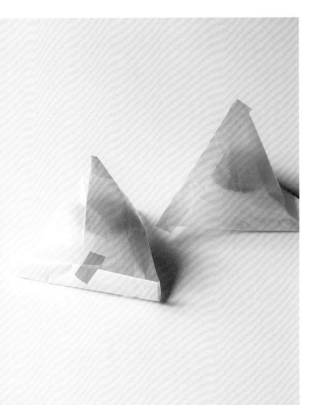

以白色為基調的包裝，加上印章的文字

白色的點心盒，放上白色的蕾絲紙和白色緞帶，以白色統一的包裝。緞帶用英文的印章，蓋上 CAKES 的字樣。運用油墨的顏色變化，根據不同的場合加上小卡片也很不錯。

新手OK！若山曜子的甜點烘焙時光：
一個烤模就能製作的不失敗小點心

作　　者｜若山曜子
譯　　者｜J.J.Chien
企劃編輯｜黃文慧
責任編輯｜J.J.Chien
封面設計｜Rika Su
內文排版｜J.J.Chien

出　　版｜晴好出版事業有限公司
總 編 輯｜黃文慧
副總編輯｜鍾宜君
編　　輯｜胡雯琳
行銷企劃｜吳孟蓉
地　　址｜104027台北市中山區中山北路三段36巷10號4樓
網　　址｜https://www.facebook.com/QinghaoBook
電子信箱｜Qinghaobook@gmail.com
電　　話｜（02）2516-6892
傳　　真｜（02）2516-6891
發　　行｜遠足文化事業股份有限公司（讀書共和國出版集團）
地　　址｜231023新北市新店區民權路108-2號9樓
電　　話｜（02）2218-1417
傳　　真｜（02）2218-1142
電子信箱｜service@bookrep.com.tw
郵政帳號｜19504465（戶名：遠足文化事業股份有限公司）
客服電話｜0800-221-029
團體訂購｜02-2218-1717分機1124
網　　址｜www.bookrep.com.tw
法律顧問｜華洋法律事務所／蘇文生律師
印　　製｜凱林彩印股份有限公司
初版一刷｜2024年5月
定　　價｜380元
ISBN｜978-626-7396-62-9
EISBN（PDF）｜978-626-7396-60-5
ISBN（EPUB）｜978-626-7396-61-2

日文版製作團隊

攝　　影　馬場わかな
食物造型　曲田有子
設　　計　渡部浩美
取材文字　內山美惠子
編　　輯　小島朋子
製作助理　池田愛實
　　　　　栗田茉林
　　　　　櫻庭奈穗子
校　　對　安久都淳子
DTP製作　天龍社
攝影協力　cotta
　　　　　http://www.cotta.jp/

國家圖書館出版品預行編目(CIP)資料

新手OK!若山曜子的甜點烘焙時光：一個烤模就能製作
的不失敗小點心／若山曜子作；J.J.Chien譯.-- 初版. --
臺北市：晴好出版事業有限公司出版；新北市：遠足文化
事業股份有限公司發行，2024.05　96面；19×26公分

ISBN 978-626-7396-62-9(平裝)
1.CST: 點心食譜
427.16　　　　　113004934